なぞにせまれ! 世界の恐竜

せかいのきょうりゅう

監修　渡部真人（古生物学者）

3 日本・ヨーロッパ

~カムイサウルス、
イグアノドン

ほか~

汐文社

ようこそ恐竜の世界へ！

　いまから200年ほど前、イギリスで巨大な歯の化石が見つかったのをきっかけに、わたしたちは恐竜の存在を知りました。恐竜が地球を支配していたのは、およそ2億5200万年前〜6600万年前。この時代を「中生代」といいます。中生代は恐竜が誕生した「三畳紀」、恐竜が繁栄した「ジュラ紀」、そして恐竜が絶滅した「白亜紀」に分かれています。

　現在までに700〜1000種類の恐竜が発見されていて、化石をよく調べることで恐竜の姿や食べていたもの、暮らしの様子などがわかります。最新の研究では、脳の形や骨格（手あし）、羽毛など、鳥類と共通する化石がたくさん見つかり、「鳥類は恐竜の一種」と考えられるようになってきました。

　では、絶滅してしまったのはどんな恐竜なのでしょう。第3巻では、1978年にはじめて見つかって以来、さまざまな化石が発見された日本の恐竜と、ヨーロッパ、アフリカの恐竜を見てみましょう。

もくじ

恐竜カードの見方

恐竜のグループです。

恐竜のグループをさらに細かく分けたグループです。

日本語であらわした恐竜の名前です。

鳥脚類	ハドロサウルス類
植物食	**カムイサウルス**
	Kamuysaurus
	「（アイヌ語で）神の竜」
全　長：約8m	
発掘地：日本	白亜紀後期

恐竜の学名と名前の意味をあらわしています。

恐竜が生きていた時代です。

恐竜の食性で肉食、植物食、雑食があります。

恐竜の化石が見つかった国です。

恐竜の大きさで、口の先から尾の先までの長さです。

150cm　170cm

身長170cm、または身長150cmのおとなと恐竜の大きさをくらべています。

恐竜の進化とグループ分け

最初の恐竜は二足歩行でした。恐竜は体とあしをつなぐための骨盤の形から「鳥盤類」と「竜盤類」に大きく分けられ、さらに以下のように細かく分類されています。

● 恐竜とは？

恐竜は爬虫類の一部が進化した生き物です。恐竜とは別グループの爬虫類のトカゲは体の横からあしがのびていますが、恐竜のあしは体からまっすぐ下におりていたため、効率よく歩くことができました。

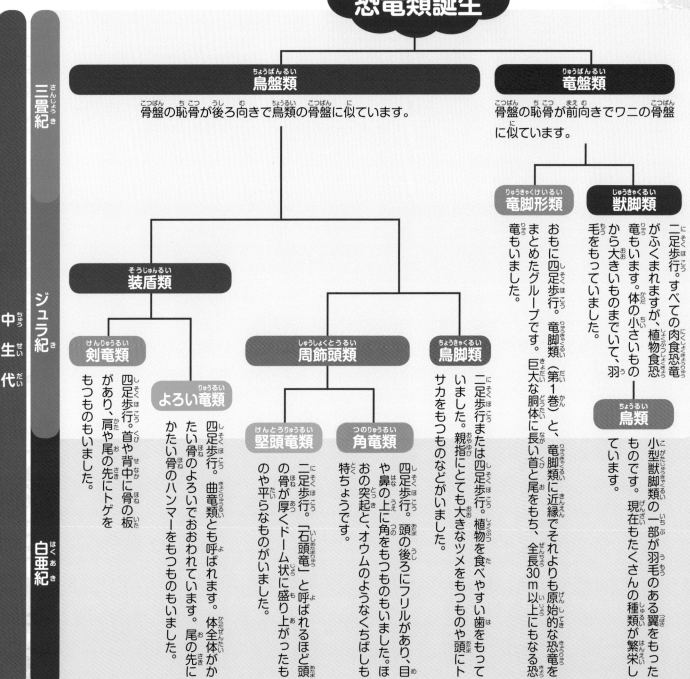

恐竜類誕生

三畳紀 ／ 中生代 ／ ジュラ紀 ／ 白亜紀

鳥盤類
骨盤の恥骨が後ろ向きで鳥類の骨盤に似ています。

竜盤類
骨盤の恥骨が前向きでワニの骨盤に似ています。

装盾類

剣竜類
四足歩行。首や背中に骨の板があり、肩や尾の先にトゲをもつものもいました。

よろい竜類
四足歩行。曲竜類とも呼ばれます。かたい骨のよろいでおおわれています。体全体がかたい骨のハンマーをもつものもいました。

周飾頭類

堅頭竜類
二足歩行。「石頭竜」と呼ばれるほど頭の骨が厚くドーム状に盛り上がったものや平らなものがいました。

角竜類
四足歩行。頭の後ろにフリルがあり、目や鼻の上に角をもつものもいました。ほおの突起と、オウムのようなくちばしも特ちょうです。

鳥脚類
二足歩行または四足歩行。植物を食べやすい歯をもっていました。親指にとても大きなツメをもつものや頭にトサカをもつものなどがいました。

竜脚形類
おもに四足歩行。竜脚類(第1巻)と、竜脚類に近縁でそれよりも原始的な恐竜をまとめたグループです。巨大な胴体に長い首と尾をもち、全長30m以上にもなる恐竜もいました。

獣脚類
二足歩行。すべての肉食恐竜がふくまれますが、植物食恐竜もいます。体の小さいものから大きいものまでいて、羽毛をもっていました。

鳥類
小型獣脚類の一部が羽毛のある翼をもったものです。現在もたくさんの種類が繁栄しています。

恐竜が生きる時代へ

短い頭には先端が丸い
小さな角がある

首は太くて長く、大型の恐
竜も捕らえて食べていたと
考えられている

4

白亜紀後期のアフリカのマダガスカルで、大型の獣脚類マジュンガサウルスがなかまと激しく争っています。縄張り争いのためやメスをかけてオスが競っていた可能性のほか同じマジュンガサウルスにかまれた歯形が残る化石が見つかっていることから共食いをしていた可能性があります。

マジュンガサウルス　P.22

前あしは太くて短い

中生代の日本と恐竜

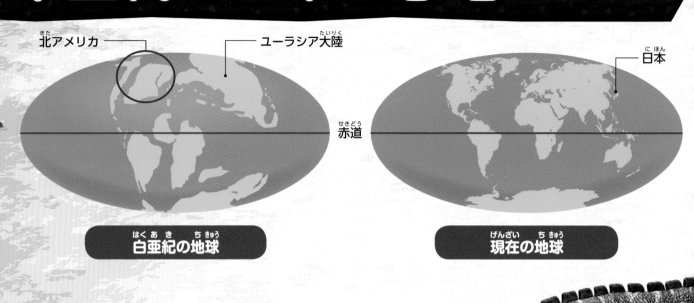

北アメリカ —— ┐   ┌—— ユーラシア大陸   ┌—— 日本

赤道

白亜紀の地球   **現在の地球**

2003年に北海道むかわ町で見つかった、カモに似たくちばしをもつ「カモノハシ竜」のなかまです。これまで「むかわ竜」の愛称で呼ばれていましたが、研究の結果、2019年に新種の恐竜と認められ、正式な学名がつきました。陸から離れた海の地層から発見されたため、海岸沿いにいたと考えられています。

日本は島ではなくユーラシア大陸の一部だった!

中生代のはじめ、パンゲア（第1巻）という大きな大陸がありましたが、ジュラ紀ごろ南北に分かれて、北側はローラシア大陸（第2巻）となりました。ローラシア大陸は、東側のユーラシア大陸（P.28）と西側の北アメリカに分かれます。現在の日本は、ユーラシア大陸の東の端にありました。1978年、岩手県岩泉町茂師で化石が見つかり、日本ではじめて恐竜の化石と認められました。しかし、この化石は竜脚類の前あしの一部のみで保存状態がよくないので、学名はなく、通称で「モシリュウ」と呼ばれています。その後、恐竜の化石が1道18県から見つかり、新種と認められて学名がついたものは8種あります。そのうちの5種は、化石発掘数が日本一の福井県で見つかった恐竜です。最新の新種は、中生代は海底だった北海道の地層から発見されたカムイサウルスで、国産恐竜では最大の全身骨格が見つかっています。

170cm

鳥脚類

ハドロサウルス類

植物食

カムイサウルス

Kamuysaurus

「（アイヌ語で）神の竜」

全　長：約8m

発掘地：日本

白亜紀後期

ココ がすごい!!
カムイサウルス

全身の80%以上の骨を発見!

1つの個体だけで全身の姿がわかる大型恐竜の化石が発見されることは、めったにありません。しかしカムイサウルスは、1つの個体で全身の80%以上の骨が見つかりました。これほど状態のよい骨が残っていたのは、日本ではじめてでした。このカムイサウルスは9歳以上のおとなだったこともわかっています。

トサカがあった?

トサカをもたないハドロサウルス類のなかまですが、おでこにトサカの跡があったことから、うすくて平たいトサカをもっていた可能性があります。

植物を食べやすい歯

カモのようなくちばしの奥には、小さな歯がすきまなくならぶデンタルバッテリーがあり、この歯で植物をすりつぶしてから飲みこんでいたと考えられています。

ほっそりした前あし

前あしがやや短く、細いのが特ちょうです。おもに二足歩行をしていたと考えられています。

日本の恐竜化石!!

発見場所は海の地層

白亜紀のむかわ町は海岸から遠く離れた海底でした。カムイサウルスの死がいが何らかの理由で海にしずみ、バラバラになる前に化石になったと考えられています。海の地層から恐竜の全身骨格が発見されたのも国内ではじめてです。

尾の骨を首長竜とかんちがい？

最初に発見されたのは尾の骨の一部でした。当時は、以前に同じ地層で見つかった首長竜の化石と思われていました。

国内最大の全身骨格

部位がわかった骨だけで200個以上あります。全長は約8mで、日本で発見された恐竜の全身骨格では最大になります。体の高さは約3mあり、体重は4〜5.3トンあったと考えられています。

⁉️ デンタルバッテリーとは？

植物を食べる恐竜には、たくさんの歯があつまって、1つの大きな歯のようになって、面ですりつぶすしくみをもつものがいます。このしくみを「デンタルバッテリー」といいます。そして、小さな歯がすりへると、次の歯におきかわるようになっています。鳥脚類のハドロサウルス類やランベオサウルス類は、このデンタルバッテリーが発達していて、上下のあごに約2000本の歯をもったものもいます。被子植物などのかたい葉や枝も効率よくすりつぶすためと考えられています。

1989年に福井県の北谷層という地層から発見されたアロサウルス（第1巻）のなかまです。約10㎝もある大きくてするどいカギ状のツメをもち、フクイサウルス（P.12）や竜脚類のフクイティタンなどを捕らえて食べていたと考えられています。

獣脚類　アロサウルス類

フクイラプトル

Fukuiraptor

肉食

「福井のどろぼう」

全　長：約4.2m
発掘地：日本

白亜紀前期

竜脚類　ティタノサウルス類

タンバティタニス

植物食

Tambatitanis

「丹波の巨神」

全　長：約15m

発掘地：日本

白亜紀前期

2006年に兵庫県丹波市で発見され、「タンバリュウ」の愛称でも呼ばれる竜脚類です。これまで日本で発掘された化石の中でも保存状態がとくによく、頭部の一部や歯、胴体、腰、尾の化石が見つかっています。骨の形態から原始的なティタノサウルス類と考えられています。

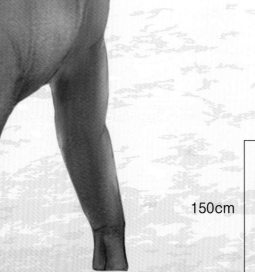

150cm

大発見！ 日本初の肉食恐竜の歯！

1979年に熊本県御船町で1本の大きな歯が発見されました。先が欠けていましたが高さが7.3cmもあり、歯のふちには肉食恐竜特有のギザギザがあるのこぎり歯でした。この歯のもち主は獣脚類メガロサウルスのなかまだとわかり、いまだこの歯1本しか発見されていませんが、日本ではじめて化石が発見されたこの肉食恐竜は、通称「ミフネリュウ」と呼ばれています。

1989年に福井県勝山市で発見されました。「フクイリュウ」の愛称でも呼ばれ、頭部や胴体の主要な化石が見つかっています。イグアノドン（P.15）のなかまで、前あしの親指にはイグアノドン類特有のするどいトゲがありました。がっしりとした上アゴが特ちょうです。

鳥脚類　**イグアノドン類**

フクイサウルス

Fukuisaurus

植物食

「福井の竜」

全長：約4.7m

発掘地：日本

白亜紀前期

170cm

鳥脚類　**ランベオサウルス類**

ニッポノサウルス

Nipponosaurus

植物食

「日本の竜」

全長：約4m

発掘地：ロシア

白亜紀後期

1934年に当時日本の領土だったサハリン（樺太）で発見され、日本人がはじめて研究し、学名をつけた恐竜です。全身の約60％の化石が見つかっていますが、ランベオサウルス類特有のトサカは見つかっていません。この化石の恐竜はまだ子どもだったことがわかっています。

魚竜類

陸よりも広い海をすみかにした爬虫類の1つで、イルカに似た体形をしていました。ジュラ紀にもっとも繁栄しましたが、白亜紀後期に入ってまもなく絶滅しました。

ウタツサウルス

三畳紀前期｜日本、カナダ

宮城県歌津町（現在の南三陸町）で発見された全長約3mの原始的な魚竜です。背びれはなく、尾びれも発達していないため、体をくねらせて泳いでいたと考えられています。前後のあしと骨盤の形に、陸にすむ爬虫類の特ちょうが残っています。

首長竜類

魚竜類と同じく海をすみかにした爬虫類。中生代を通して繁栄し、白亜紀末に絶滅しました。首が長い種類と首が短い種類がいます。前後のあしは大きなひれになっていました。

フタバサウルス

白亜紀後期｜日本

福島県の双葉層群という地層で発見された全長約9mの首長竜で、「フタバスズキリュウ」の愛称でも呼ばれます。骨にはサメに食べられた跡が残されていました。アニメ映画に登場し、有名になりました。

中生代のヨーロッパと恐竜

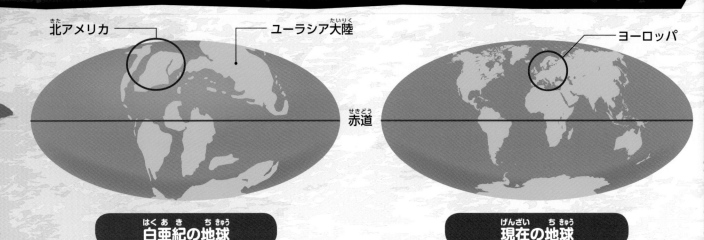

北アメリカ ── ── ユーラシア大陸   ── ヨーロッパ

赤道

白亜紀の地球　　　　　　　　　　　**現在の地球**

白亜紀は海が広がってたくさんの島ができた!

パンゲア大陸（第1巻）がジュラ紀に南北に分裂し、現在のヨーロッパは北に位置するローラシア大陸（第2巻）の一部になりました。ゆっくりと分裂は続き、白亜紀には北アメリカとユーラシア大陸に分裂し、その間に大西洋ができました。さらにヨーロッパのあたりは水没して、小さな島がいくつもできたと考えられています。ヨーロッパを代表する恐竜のイグアノドンは、人類が恐竜の存在を知るきっかけとなった恐竜で、ヨーロッパの広範囲で発見されています。

このほか、ドイツでは始祖鳥（第2巻）、ジュラ紀に北アメリカと陸続きだったポルトガルでは、アロサウルス（第1巻）なども見つかっています。

ズームアップ!!

二足歩行する原始的な鳥脚類です。まだくちばしが細く、口先に小さな歯もありました。体が小さく身軽で、あしが速かったと考えられています。

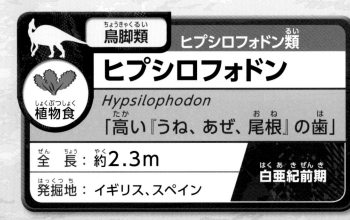

鳥脚類　　ヒプシロフォドン類

ヒプシロフォドン
Hypsilophodon
「高い『うね、あぜ、尾根』の歯」

植物食

全　長：約2.3m

発掘地：イギリス、スペイン

白亜紀前期

14

150cm

世界ではじめて見つかった恐竜の1つです。当時は
大きな歯だけが発見され、それがイグアナの歯に似
ていたことから名前がつきました（学名がついたの
は世界で2番目）。その後、同じ場所で複数の全身骨
格が見つかったことから、群れで暮らしていたと考
えられます。前あしの親指がするどいトゲになって
いて、小指は曲げることができ、植物をつかんで食
べていたと考えられています。二足歩行も、四足歩
行もできました。

鳥脚類　イグアノドン類

植物食

イグアノドン

Iguanodon

「イグアナの歯」

全　長：約10m

発掘地：イギリス、ベルギー、
　　　　フランス、スペイン、
　　　　ポルトガル、ドイツ

白亜紀前期

肉食

コンカベナトル

Concavenator

「背にこぶのあるクエンカ
（スペインの地名）の狩人」

全　長：約6m

発掘地：スペイン

白亜紀前期

アロサウルス（第1巻）のなかまで、背中に大きなこぶのような突起をもつ、中型の肉食恐竜です。このこぶがどのような役割をもっていたかは、よくわかっていません。ほぼ完全な全身の化石が見つかっていて、前あしの骨に風切羽のついていた跡がありました。

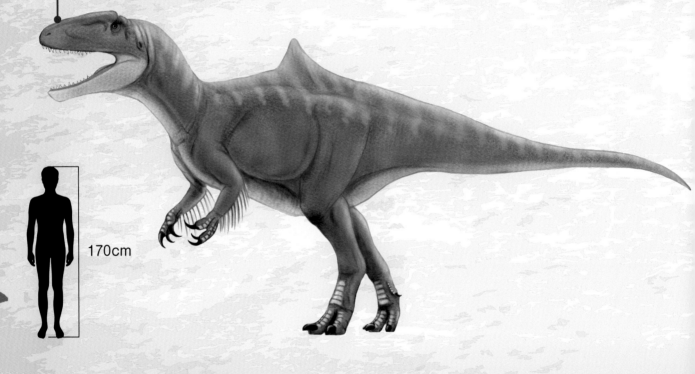

170cm

全長が最大10mもあった大型恐竜で、三畳紀後期に栄えました。原始的な竜脚形類で、二足歩行し、前あしの親指には大きなカギ状のツメがありました。このツメは食事のときに木の枝をつかむのに役立ったと考えられています。たくさんの化石が1つの場所からまとまって見つかっていることから、群れで生活していたようです。

竜脚類	ブラキオサウルス類

エウロパサウルス

植物食

Europasaurus

「ヨーロッパのトカゲ」

全長：約6.2m

発掘地：ドイツ

ジュラ紀後期

ブラキオサウルス類では非常に小型の竜脚類です。当時ドイツは大陸の周りの小さな島が点在するところにあって、少ない食物で生きていけるように小型化したと考えられています。子どもからおとなまでの化石がまとめて見つかっていて、群れで行動していたようです。

竜脚形類	プラテオサウルス類

プラテオサウルス

植物食

Plateosaurus

「『大きな、かさばった』トカゲ」

全長：4.8〜10m

発掘地：ドイツ、スイス、フランス

三畳紀後期

全長のおよそ3分の1が首という、剣竜の中でもっとも首の骨の数が多い恐竜です。ステゴサウルス（第1巻）のなかまの剣竜は、地表近くの植物を食べていたと考えられていますが、ミラガイアは長い首を使って高い場所にある植物を食べていたと考えられてます。

剣竜類	ステゴサウルス類

ミラガイア

Miragaia

植物食

「ミラガイア（ポルトガルの地名）」

全　長：5.5〜6m

発掘地：ポルトガル

ジュラ紀後期

150cm

恐竜の名前はどのようにつけられる？

生物には、世界共通の名前となる「学名」がラテン語でつけられます。恐竜の学名には、その恐竜の特ちょうをあらわす言葉が使われたり、発見地や発見者にまつわる言葉が使われたりします。また、学名はグループをあらわす「属名」と、ある1つの種類をあらわす「種小名」を組み合わせてつけられますが、この本のシリーズでは、「属名」のみ表記しています。

属名	種小名
屋根トカゲ	狭い顔
ステゴサウルス	**ステノプス**
Stegosaurus	*stenops*
あばれんぼうトカゲ	王
ティラノサウルス	**レックス**
Tyrannosaurus	*rex*

ヨーロッパの恐竜以外の生きもの

首長竜類

P.13へ!

プレシオサウルス

ジュラ紀前期｜イギリス、ドイツ

全長2〜5mで、世界で最初に発見された首長竜です。体内に胎児が残されている化石が見つかり、おなかの中で卵をかえし、イルカのように海の中で赤ちゃんを産んだことがわかっています。

翼竜類

恐竜時代の空を飛んでいた、翼をもつ爬虫類です。三畳紀後期からあらわれ、鳥類をのぞく恐竜と同じように白亜紀末には絶滅しました。

ランフォリンクス

ジュラ紀後期｜ドイツ

翼長※約1.8mの小型の翼竜です。体よりも長い尾と、口からはみ出すほどの大きな歯が特ちょうで、水面近くで泳ぐ魚を捕らえて食べていたと考えられています。

※翼長……翼を広げたときの左右の端から端までの長さ。

モササウルス類

海にすみかを移したトカゲに近い爬虫類で、「海トカゲ」とも呼ばれます。サメのような三日月形の尾びれをもち、泳ぎが得意だったと考えられています。白亜紀後期に繁栄し、白亜紀末に絶滅しました。

モササウルス

白亜紀後期｜オランダ、アメリカ

全長12〜18mの最大のモササウルスです。胃の中から、魚やイカ、タコ、カメ、プレシオサウルスの化石が見つかっていますが、かたい貝なども食べていたと考えられています。

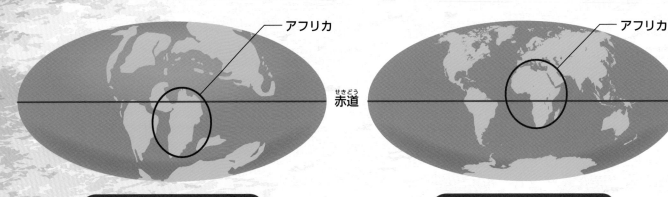

アフリカ

アフリカ

赤道

白亜紀の地球

現在の地球

170cm

獣脚類

スピノサウルス類

スピノサウルス

Spinosaurus

「トゲをもつトカゲ」

肉食

全　長：約15m	白亜紀前期〜
発掘地：エジプト、モロッコ	後期

独自に進化したユニークな恐竜がいっぱい！

パンゲア大陸（第1巻）がジュラ紀に南北に分裂し、現在のアフリカは南に位置するゴンドワナ大陸（第2巻）の一部になりました。さらに分裂が進み、白亜紀には独立した大陸になり、恐竜は独自に進化していきました。南アメリカと同様、南半球に位置するアフリカでも竜脚類が繁栄し、口先が横に広がったニジェールサウルス（P.24）や全長約18mもあるジョバリア（P.25）などが発見されています。また、アフリカの代表的な肉食恐竜のスピノサウルスは、これまでなぞだった尾の化石が見つかり、最新の研究によって水中で暮らしていたことがわかりました。

背中に大きな帆をもち、ワニのように細長い口先に、円すい状のするどい歯がならんでいた大型の獣脚類です。これまでなぞだった尾の化石がほぼ完全な状態で発見され、2020年にようやく全体の姿がわかりました。その尾は船をこぐオールに似た形で、尾びれのように動かして水中を上手に泳ぎ、魚を捕らえていたと考えられています。

以前「マジュンガトルス」と呼ばれていた恐竜と同じ種類だとわかり、名前が統一されました。保存状態のよい全身の化石が見つかっていて、前あしは小さくて短く、後ろあしは大きくがっしりとしていましたが短かったようです。頭も前後に短く、目の上には小さな角がありました。

獣脚類

ケラトサウルス類

マジュンガサウルス

Majungasaurus

肉食

「マジュンガ(マダガスカルの地名)のトカゲ」

全　長：約8m

発掘地：マダガスカル

白亜紀後期

150cm

北アフリカに広く生息していた同地域で最大級の肉食恐竜で、アロサウルス（第1巻）のなかまです。大きくて、のこぎりのようにギザギザのある歯で、獲物を切りさいていたと考えられています。

獣脚類
アロサウルス類

カルカロドントサウルス

Carcharodontosaurus

「ギザギザのある歯をもつトカゲ」

肉食

全　長：	約12m
発掘地：	アルジェリア、エジプト、モロッコ、ニジェール

白亜紀前期〜後期

竜脚類の化石の中でもとても希少な、頭の骨が発見されている小型の恐竜です。小さな頭と三角にとがった歯をもっていました。背中には骨のよろい（装甲板）と思われる小さな骨が見つかっています。

竜脚類 ティタノサウルス類

マラウイサウルス

植物食

Malawisaurus

「マラウイのトカゲ」

全 長：約15m

発掘地：マラウイ

白亜紀前期

竜脚類 ディプロドクス類

ニジェールサウルス

植物食

Nigersaurus

「ニジェールのトカゲ」

全 長：約9m

発掘地：ニジェール

白亜紀前期

横に大きく広がった口先には、小さな歯がびっしりとならんでいました。歯がすり減ってもすぐに生えかわるデンタルバッテリー（P.9）で、予備の歯をあわせると500本ほどの歯がありました。口は下を向いているため、地表近くの植物を芝刈り機のように食べていたと考えられています。

ジョバリア類

ジョバリア

Jobaria

植物食

「ジョバル(ニジェールにすむ
トゥアレグ人の伝説の動物)」

全　長：約18m

発掘地：ニジェール

ジュラ紀中期

170cm

サハラ砂漠でほぼ全身の骨が発見されている原始的な竜脚類です。首や尾は短めで、後ろあしががっしりとして、重心も後ろにあったため、ゾウのように後ろあしだけで立ち上がることができたという説もあります。スプーン形の歯をもっていました。

鳥脚類

イグアノドン類

オウラノサウルス

Ouranosaurus

「勇かんなトカゲ」

全　長	：約7m
発掘地	：ニジェール

白亜紀前期

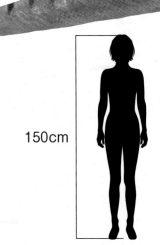

150cm

剣竜類

ステゴサウルス類

ケントロサウルス

Kentrosaurus

「トゲをもつトカゲ」

全　長	：約4.5m
発掘地	：タンザニア

ジュラ紀後期

ステゴサウルス類の恐竜の中では小型です。首から小さな板状の骨が2列にならび、腰あたりから尾までは長くてかたいスパイクが対でならんでいました。この尾をふりまわして、肉食恐竜から身を守ったと考えられています。肩にも大きなスパイクがありました。

スピノサウルス（P.20）と同様に大きな帆をもっていますが、イグアノドン（P.15）のなかまです。この帆は体温を調節するのに使われたと考えられています。口先がサウロロフス（第2巻）などのカモノハシ竜のように、平たく広がっているのも特ちょうです。

アフリカの恐竜以外の生きもの

ワニ類

三畳紀に繁栄したクルロタルシ類（第1巻）が祖先で、ほとんど形態を変えずに現在も生存する大型の爬虫類。おもに水中で生活しますが、陸でも活発に動けます。

サルコスクス
白亜紀前期 | ニジェール

サハラ砂漠で発見された、全長約12mの史上最大のワニです。長い口には130本以上の歯があり、かむ力はティラノサウルス（第1巻）を上回るという説もあります。魚のほかに恐竜も食べていたと考えられています。

中生代

約1億4500万年前 ——————— 約6600万年前

三畳紀　　ジュラ紀

恐竜の繁栄と終わり
白亜紀

シリーズ巻末のこのページでは、恐竜がすんでいた3つの時代の特ちょうを紹介します。白亜紀は大陸が細かく分かれたため、恐竜も多様化していきました。しかし、巨大な小惑星が地球に落下したのをきっかけに、恐竜時代はとつぜん終わりをむかえます。

大陸のようす

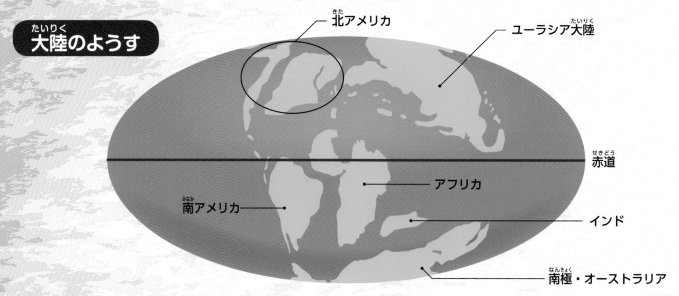

北アメリカ
ユーラシア大陸
赤道
南アメリカ
アフリカ
インド
南極・オーストラリア

大陸はさらに分裂し現在に似た大陸の形に!

ジュラ紀に南北へ分かれた大陸は、地殻変動によって白亜紀でさらに分裂が進み、現在の大陸の位置へ移動していきます。そして、地球温暖化が起きて海水面が上昇したことで一部の陸地が水没し、さらに細かく大陸が分かれました。また、花を咲かせる新しい植物（被子植物）があらわれ、その強い繁殖力でどんどん世界中に広がっていきました。

環境にあわせて独自に進化する恐竜!

細かく分断された大陸では、気候や生えている植物などがちがうため、恐竜はそれぞれの環境にあわせて独自の進化をはじめます。北半球ではかたい被子植物を食べられる歯をもつ鳥脚類が増え、南半球に巨大な竜脚類や獣脚類があらわれました。しかし、繁栄した恐竜は、白亜紀末の巨大な隕石（小惑星）の衝突による環境の激変によって、鳥類以外は絶滅しました。

白亜紀の恐竜

大陸が細かく分かれるとともに、恐竜の種類も多様化しました。

第1巻

トリケラトプス

アメリカ、カナダ

大きな角とフリルをもつ大型の角竜です。ティラノサウルスと同じ時代に生きていました。

第1巻

第2巻

ティラノサウルス | アメリカ、カナダ

恐竜時代の最後まで生き残っていた最強の恐竜です。

サウロロフス | モンゴル、カナダ

かたい植物を効率よくすりつぶせるデンタルバッテリー（P.9）をもっていました。

恐竜の絶滅

約6600万年前、現在のユカタン半島（メキシコ）に直径約10㎞の小惑星が落ちました。水爆の1億倍ともいわれるその衝撃は、高さ100ｍ以上の津波を引き起こし、さらに、この小惑星の落下が地球の環境を激変させてしまい、海にすむ約75％の生きものを絶滅させたと考えられています。

きっかけ

小惑星の衝突
衝撃波、巨大津波、大規模な森林火災などにより、その近くにいた多くの生きものが死んでしまいました。

大気中に大量のちりが放出
地球全体をちりがおおいつくし、太陽の光が届かず、気温が一気に下がります。海は酸性化し、酸性雨が降ったと考えられています。

植物が枯れる
植物が枯れて、植物を食べる恐竜が飢え死にしました。

植物食恐竜が絶滅
獲物にしていた植物食恐竜がいなくなり、肉食恐竜も死に絶えました。

  どんな生きものが生き残れた？

この大量絶滅で、翼竜、首長竜、モササウルス類の姿も消えました。生き残ったのは鳥類をはじめ、ワニ、カメ、トカゲ、ヘビ、両生類、哺乳類などの一部でした。

ここで発見された‼ 恐竜マップ

ニッポノサウルス　P.12

カムイサウルス　P.6〜9

日本　恐竜リスト

- ●カムイサウルス……北海道むかわ町
- ●フクイラプトル……福井県勝山市
- ●タンバティタニス……兵庫県丹波市
- ●フクイサウルス……福井県勝山市
- ●ニッポノサウルス…サハリン（樺太）※
- ●ウタツサウルス……宮城県南三陸町
- ●フタバサウルス……福島県いわき市

その恐竜の化石が発見されたおもな場所を
あらわしています。
※1905年〜1945年まで旧日本領でした。

ウタツサウルス　P.13

フクイラプトル　P.10

フタバサウルス　P.13

フクイサウルス　P.12

タンバティタニス　P.11

日本

この恐竜リストには、恐竜以外の翼竜類や魚竜類なども含まれています。

ヨーロッパ

ヒプシロフォドン P.14
プレシオサウルス P.19
イグアノドン P.15

モササウルス P.19
プレシオサウルス P.19
エウロパサウルス P.17
ランフォリンクス P.19

イグアノドン P.15
プラテオサウルス P.17

イグアノドン P.15
ヒプシロフォドン P.14
コンカベナトル P.16

ミラガイア P.18

スピノサウルス P.20

カルカロドントサウルス P.23

スピノサウルス P.20
カルカロドントサウルス P.23

カルカロドントサウルス P.23
ニジェールサウルス P.24
ジョバリア P.25
オウラノサウルス P.26
サルコスクス P.27

ヨーロッパ　恐竜リスト

●ヒプシロフォドン…イギリス、スペイン
●イグアノドン………イギリス、ベルギー、
　　　　　　　　　　フランス、スペイン、
　　　　　　　　　　ポルトガル、ドイツ
●コンカベナトル……スペイン
●エウロパサウルス…ドイツ
●プラテオサウルス…ドイツ、スイス、
　　　　　　　　　　フランス
●ミラガイア…………ポルトガル
●プレシオサウルス…イギリス、ドイツ
●ランフォリンクス…ドイツ
●モササウルス………オランダ

その恐竜の化石が発見されたおもな場所を
あらわしています。

アフリカ大陸

ケントロサウルス P.26

マラウイサウルス P.24

マジュンガサウルス P.4・P.22

アフリカ大陸　恐竜リスト

●マジュンガサウルス………マダガスカル
●スピノサウルス……………エジプト、モロッコ
●カルカロドントサウルス…アルジェリア、エジプト、
　　　　　　　　　　　　　モロッコ、ニジェール
●マラウイサウルス…………マラウイ
●ニジェールサウルス………ニジェール
●ジョバリア…………………ニジェール
●オウラノサウルス…………ニジェール
●ケントロサウルス…………タンザニア
●サルコスクス………………ニジェール

その恐竜の化石が発見されたおもな場所をあらわして
います。

31

●監修／渡部真人（わたべ まひと、古生物学者）

モンゴルの恐竜化石や哺乳類化石の発掘調査研究を１９９３年より行う。現在も調査中。
恐竜以外にも、イランや中国のウマの化石も研究。
『体のふしぎ ウマ編』（アシェット・コレクションズ・ジャパン）、『ダイナソーミニモデル
スカルシリーズ』（Favorite）などを監修。

●ニシ工芸株式会社（高瀬和也・佐々木裕・知名杏菜）
児童書、一般書籍を中心に、編集・デザイン・組版を行っている。
制作物に『理科をたのしく！ 光と音の実験工作（全３巻）』、『かんたんレベルアップ
絵のかきかた（全３巻）』（以上、汐文社）、『くらべてみよう！ はたらくじどう車（全
５巻）』、『さくら ～原発被災地にのこされた犬たち～』（以上、金の星社）、『学研の図
鑑LIVE 深海生物』（学研プラス）など。

●参考文献
『世界の恐竜MAP 驚異の古生物をさがせ！』（エクスナレッジ）
『恐竜の教科書 最新研究で読み解く進化の謎』（創元社）
『恐竜がいた地球 ２億５０００万年の旅にGO!（ナショナル ジオグラフィック 別冊）』
（日経ナショナル ジオグラフィック社）
『日本の恐竜図鑑 じつは恐竜王国日本列島』（築地書館）
『日経サイエンス２０１８年９月号』（日本経済新聞社）
『新説 恐竜学』（カンゼン）
『NHKスペシャル 完全解剖ティラノサウルス 最強恐竜 進化の謎』（NHK出版）
『はじめての恐竜図鑑 恐竜大行進 AtoZ
　ティラノサウルスもトリケラトプスも、日本の恐竜もいる！』（誠文堂新光社）
『学研の図鑑LIVE 恐竜』（学研プラス）
『講談社の動く図鑑MOVE 恐竜』（講談社）
『ポプラディア大図鑑WONDA 恐竜』（ポプラ社）

●編集協力
　木島理恵
●イラスト
　恐竜CG　　服部雅人
　恐竜イラスト・フィギュア　　徳川広和
●撮影
　糸井康友
●写真提供
　むかわ町立穂別博物館
　Shutter stock
●表紙デザイン
　ニシ工芸株式会社（西山克之）
●本文デザイン・DTP
　ニシ工芸株式会社（岩上トモコ）
●担当編集
　門脇大

この本に掲載されている内容は、特に記載のあるものを除き、
2020年7月現在のものです。

なぞにせまれ！ 世界の恐竜
③日本・ヨーロッパ
～カムイサウルス、イグアノドンほか～

2020年9月　初版第1刷発行

監　修　渡部真人
発行者　小安宏幸
発行所　株式会社汐文社
　　　　〒102-0071
　　　　東京都千代田区富士見1-6-1
　　　　TEL 03-6862-5200　FAX 03-6862-5202
　　　　https://www.chobunsha.com/

印刷　新星社西川印刷株式会社
製本　東京美術紙工協業組合